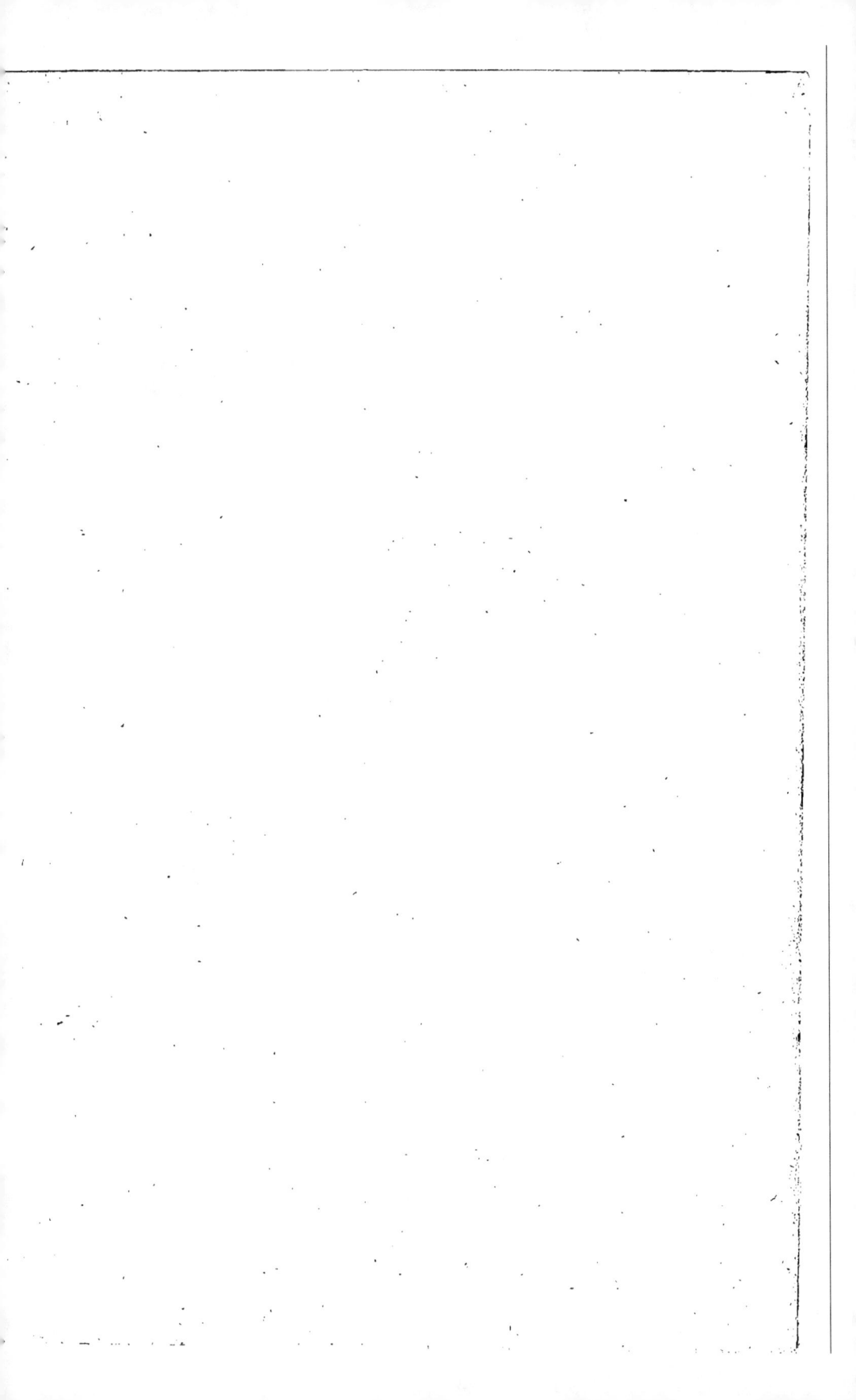

C.)

26/15

MOYENS

DE CONSERVATION FORESTIÈRE,

DE REBOISEMENT POUR LA MONTAGNE.

MOYENS

DE CONSERVATION FORESTIÈRE,

DE REBOISEMENT POUR LA MONTAGNE ;

Par M. DUBOR,

Membre de la Société royale d'Agriculture du département de la Haute-Garonne.

L'INDEMNITÉ, comme moyen de reboisement, serait d'un effet salutaire dans les pays cotoyeux, dans les plaines au sol léger, dans quelques parties non classifiables du terrain de nos contrées que le défrichement n'aurait jamais dû atteindre ; mais la restauration forestière doit devenir plus générale encore pour faire cesser tous les maux produits par le déboisement.

Le sol natal, l'air générateur des forêts appartiennent aux Pyrénées. C'est aux flancs de ces montagnes, c'est à l'humide profondeur de ces vallées qu'est donnée une puissance de fécondité, seule suffisante aux besoins d'une population qui s'accroît sans cesse, d'une civilisation industrielle progressant toujours. Or, je le déclare, loin de supposer à l'indemnité une influence décisive sur la production des Pyrénées, je signalerais volontiers ce moyen comme singulièrement impuissant à réparer le déboisement des montagnes.

Qu'importe-t-il d'encourager les semis et les plantations aux lieux où tous les germes abondent, incessamment fécondés par le concours de tous les éléments ? Qu'est-il besoin d'excitations à produire avec une nature si active et si riche ? Sachons organiser seulement un bon système de conservation, et les mêmes lois qui préserveront partout ailleurs nos dernières ressources forestières, accroîtront sans mesure celles que nous réservent les Pyrénées. Défendons les vieux arbres qui restent encore à l'honneur des montagnes, des outrages de la main de l'homme ; défendons, défendons surtout les jeunes plants de la dent meurtrière du bétail. Que de bonnes et sages dispositions législatives, vigoureusement exécutées, viennent régler enfin tous les devoirs et tous les droits. Qu'elles punissent vraiment, dans les délits, le vrai coupable, et préviennent, par une force tutélaire, des infractions qu'on ne peut plus atteindre lorsque l'impunité les a multipliées ; que les usages utiles jouissent d'une liberté fermement contenue ; qu'on interdise, sans pitié, ceux qui n'ont vécu que d'abus et ne s'alimentent que de ruines ; et nous verrons nous-mêmes un jour, où nos enfants verront du moins bientôt après nous, la montagne, riche encore de tous ses trésors de végétation, offrir une inépuisable réserve aux nécessités de l'avenir.

Ce système de conservation, assez puissant pour résister à toutes les chances de destruction, pour réprimer tant d'atteintes que la misère et la cupidité, la tolérance ou la fraude, dirigent, à la fois, contre la propriété forestière, ce système fut recherché partout, poursuivi vainement quelquefois, mais toujours désiré comme essentiel à la durée des empires.

Il semble, en effet, qu'un rapport nécessaire existe entre l'état physique de la nature et l'état moral des sociétés. Partout des forêts, dans le premier âge ; elles suffisent aux besoins de l'enfance des peuples. L'âge de la culture est aussi celui de l'adolescence ; et la destruction, qui menace l'entière production forestière, semble croître, grandir et s'étendre avec l'âge de la virilité.

Heureusement la voix de la raison s'oppose alors à l'élan destructeur des peuples. Si elle ne permet pas que des divinités tutélaires viennent, comme chez les anciens, réserver nos bois à leurs plus chères délices, elle consacre du moins l'importance des lois conservatrices que les anciens eux aussi recommandaient à la vigilance des consuls.

L'ordonnance de 1669 résume toute la législation, toute l'expérience des siècles antérieurs ; nous y trouverons par comparaison ou par enseignement l'objet essentiel du Code forestier. Nous nous arrêterons donc à ses dispositions ; l'époque où elles cessèrent d'être en vigueur fut celle d'une menace de mort pour la propriété forestière. Nous dirons les vicissitudes attachées à leur rétablissement avant de proposer nos amendements à la loi actuelle.

Si je fais précéder mon entrée en matière d'un coup-d'œil reconnaissant aux longs efforts de la législation conservatrice, redoublant incessamment de puissance et d'activité avec les règnes plus glorieux de notre histoire, c'est pour mieux établir l'importance de mon sujet.

Ainsi, je rappelle l'institution de la maîtrise des eaux et forêts, moins pour en faire honneur à Philippe-le-Bel que pour prouver l'utilité déjà sentie alors de la conservation du domaine.

Les ordonnances remarquables rendues par Philippe-le-Long, en 1318 et 1319, fournissent une disposition par laquelle l'entrée des bois taillis est interdite aux bestiaux dans les parties non défensables ; attendu, est-il dit textuellement, qu'une bête qui ne vaudra pas quatre livres peut y faire dommage de cent livres ou de plus dans une seule année.

Les sages mesures administratives de Philippe de Valois attestent de plus en plus l'importance du service administratif, et les dangers de la corruption vis-à-vis des agents forestiers.

Charles V, par son règlement général de 1376, fixe pour nous l'époque où l'exercice des droits d'usage a plus particulièrement fixé la sollicitude du législateur. Il déclare ces droits annuels, temporels et momentanés, et sa déclaration est répétée d'âge en âge jusqu'à nos jours.

Charles VI donne un édit en 1388, et un règlement général, en 1402, assez complet pour permettre un siècle de repos à la législation forestière.

Si, au bout de ce terme, nous avons à déplorer avec François I.er *la ruine et dépopulation, non-seulement des forêts royales, mais encore de tous les autres bois du royaume*, nous accuserons la difficulté de bien organiser un service public, en un temps et aux lieux où la privation seule de voies de communication rendait l'action du pouvoir central impossible; mais nous conviendrons de la sagesse de l'ordonnance rendue par François I.er en 1518, si prévoyante aux devoirs des officiers forestiers, si bien disposée en faveur de la propriété privée, laquelle désormais a des titres reconnus aux bienfaits de la conservation.

La vénalité étendue par Henri II aux offices des eaux et forêts dispense de toute gratitude pour son règlement général de 1554. Les édits de Charles IX, en 1563, 1573, quelque secours qu'ils apportent à l'idée conservatrice exprimée par François I.er, relativement au régime légal de la propriété privée, ne peuvent absoudre les derniers Valois du mal que la vénalité fit à l'administration forestière; d'autant que ce mal fut aggravé encore par la création de nouveaux offices en 1586, suivant un édit du faible Henri III.

Il manqua un plus long règne à Henri IV pour attacher son nom glorieux aux réformes dont le germe existe dans son édit de Rouen. Son petit-fils n'eut pas trop de toute la plénitude de sa puissance, de toute la sagesse d'un ministre tel que *Colbert*, au jour où il voulut tenter enfin cette réformation générale, dont nous recommandons à l'époque présente l'objet et les moyens.

Alors aussi la propriété forestière du royaume se présentait dans un état alarmant d'épuisement et de faiblesse, alors aussi on invoquait la nécessité du reboisement. Louis XIV fit justice, par un édit du mois d'avril 1667, de toutes les causes secondaires du désordre, produites, soit par la mauvaise conduite de quelques officiers, soit par l'inobservation des règlements administratifs précédemment établis. Mais avant d'en venir à cette mesure, et pour assurer son effet essentiel à la réformation, le Roi commença par fermer absolument les forêts pendant le cours de huit années. C'est-à-dire que pendant ce laps de temps, l'accès des forêts royales fut interdit à tous les usagers. Voulons-nous apprendre comment cette exclusion protectrice agit sur le reboisement, écoutons le Roi lui-même s'expliquer dans le préambule de l'ordonnance de 1669.

« Quoique le désordre qui s'était » glissé dans les eaux et forêts du » royaume, fût si universel et si invétéré que le remède en paraissait » presqu'impossible; néanmoins, le » ciel a tellement favorisé l'application » de huit années données au rétablis» sement de cette noble partie du do» maine, qu'on la voit en état de re» fleurir plus que jamais, et de pro» duire, en abondance, au public tous » les avantages qu'il en peut espérer, » soit pour les commodités de la vie » privée, soit pour les nécessités de » la guerre, ou enfin, pour l'orne» ment de la paix, et l'accroissement » du commerce dans toutes les parties » du monde. »

Ainsi, il a suffi d'un repos de huit années pour réparer l'épuisement causé par tant de siècles; et ces forêts amaigries par les abus de l'exploitation et des usages, reverdissent avec toute la vigueur de la jeunesse. Ce n'est pas que leur repos ait été exempt du trouble occasionné par quelques coupes furtives, par quelques atteintes du maraudage; loin de là, les circonstances même durent multiplier ces délits qui n'ont pas empêché la restauration forestière; elle se produit facilement par la courte abstinence des usagers. Ainsi le reboisement, qui paraissait impossible à Louis XIV, trouve des voies assurées dans les enseignements de son expérience; et désormais on peut assigner au mal et au remède leur caractère le plus certain.

Les dispositions de l'ordonnance de 1669, pour tout ce qui a trait à l'aménagement, aux formes à suivre dans les ventes, aux mesures administratives de tout genre, sont reproduites dans le Code forestier, sauf les différences commandées par les mœurs et les institutions modernes. Celles qui ont pour objet les définition et limitation du droit d'usage intéressent trop vivement ma discussion pour que je les passe sous silence. Voici comment il y est pourvu par la loi de Louis XIV.

Quant aux prestations en nature : les usages que certains particuliers ou certaines communautés pouvaient avoir sur les bois de l'Etat sont supprimés, soit qu'ils subsistassent par tolérance ou qu'ils fussent établis par titre. Dans le premier cas, ils sont anéantis de plein droit ; dans le second, on les rachète.

Quant aux droits de pâturage : il faut demander au titre 19 avec quel ordre et quelle mesure ces droits doivent être exercés.

L'art. 1.er commence par exclure du droit de pâturage *toute commune ou habitant d'icelle*, non *dénommé dans un état particulier, dressé et arrêté par le Conseil*, par suite de l'envoi qu'ils ont dû y faire de leurs titres.

Ceux à qui leur droit est conservé, ne peuvent en user que dans les endroits que les grands maîtres ont déclarés défensables.

Remarquons que cette défense, qui semblerait n'avoir pour objet que les forêts royales, est rendue commune, ainsi que toutes autres, à la généralité de la propriété forestière, par une disposition subséquente. L'art. 28 du titre 32 va même jusqu'à disposer que *toutes amendes, restitutions, dommages-intérêts et confiscations, seront adjugés aux propriétaires quels qu'ils soient* : moyen bien fait pour utiliser la faculté donnée par l'art. 25 du titre 6 à tous les sujets du Roi, *de faire punir les délinquants en leurs bois et garennes, des mêmes peines et réparations ordonnées pour la propriété domaniale.*

Revenons à la suite des conditions imposées à l'exercice du droit de pâturage : *Les habitants des communes maintenues dans ce droit, doivent déclarer le nombre de bestiaux qu'ils possèdent* (art. 2). *Les officiers de la maîtrise assignent à chaque communauté usagère une contrée particulière, la plus commode qu'il soit possible, où les bestiaux de cette communauté puissent être menés et gardés séparément, sans mélange d'autres troupeaux, sous peine de confiscation des bestiaux, amende arbitraire contre les pâtres, et privation de leurs char-*

ges contre les officiers qui viendraient à permettre le contraire (art. 3). *Des publications sont faites, par lesquelles il est fait défense aux usagers d'envoyer leurs bestiaux paître en d'autres lieux, à peine de confiscation et de privation de leurs usages* (art. 4). *Tous les bestiaux appartenant aux usagers d'une même paroisse ou hameau, ayant droit d'usage, seront marqués d'une même marque ; et chacun jour assemblés en un lieu qui sera destiné, pour chacuns bourg, village ou hameau, en un seul troupeau, et conduit par un seul chemin, qui sera désigné par les officiers de la maîtrise, le plus commode et le mieux défendu, sans qu'il soit permis de changer et prendre une autre route en allant et retournant* (art. 6). *Les particuliers sus-désignés doivent mettre au cou de leurs bestiaux des clochettes dont le son avertisse des lieux où ils sont* (art. 7). *Aucun habitant ne peut mener ses bestiaux à garde séparée, ni les envoyer dans la forêt par sa femme, ses enfants, ou ses domestiques, à peine de dix livres d'amende pour la première contravention, confiscation pour la seconde, et privation du droit de pâturage pour la troisième* (art. 8). *Les pâtres et gardes doivent être choisis et nommés annuellement, à la diligence des procureurs d'office ou syndics de chaque paroisse, par les habitants assemblés, en présence du juge des lieux ; la communauté étant responsable des pâtres qu'elle a choisis* (art. 9).

L'art. 11, pour prévenir toute possibilité d'impunité, *défend de prétexter tous baux ou congés des officiers, receveurs ou fermiers du domaine, même des engagistes ou usufruitiers, à peine de confiscation des bestiaux trouvés en* pâturage. Enfin, l'art. 13, pour compléter un système de défense si bien ordonné, que son observation rigoureuse aurait fait disparaître, dans un certain temps, et l'abus et l'usage, l'art. 13 renouvelle et consacre l'ancienne prohibition de mener ou envoyer paître dans les forêts, ni même dans le voisinage, aucune chèvre ou bête à laine. Cette défense est rappelée avec un surcroît de menaces qui atteste son importance : *Il est défendu aux habitants des paroisses usagères, et à toutes personnes ayant droit de pacage dans les forêts et bois, d'y mener ou envoyer des bêtes à laine, chèvres, brebis, moutons, ni même ès landes, bruyères, places vaines et vagues, aux rives des bois et forêts, à peine de confiscation de bestiaux, trois livres d'amende pour chaque bête ; et seront les bergers et gardes de telles bêtes condamnés en l'amende de dix livres pour la première fois, fustigés et bannis du ressort de la maîtrise en cas de récidive, et demeureront les maîtres propriétaires des bestiaux et pères de famille, responsables civilement des condamnations rendues contre les bergers.*

On peut se récrier sans doute sur ce qu'il y a de barbare dans la sanction de la défense : mais, quant à l'inflexibilité de la défense en elle-même, il a été jugé toujours qu'elle était indispensable, et que le pacage de la chèvre, notamment, était meurtrier pour les bois. Un arrêt du Conseil, du 27 mai 1729, va jusqu'à défendre, indistinctement, à tous les habitants du Languedoc, de nourrir des chèvres dans l'étendue de la province. Le parlement de Grenoble fait pareilles défenses dans le Dauphiné ; et le grand-maître des eaux et forêts de la Guienne ordonne aux habitants de la vallée du Figuier, de se défaire de leurs troupeaux de chèvres, à l'exception des personnes qui en entretiennent pour le soulagement des malades, auxquelles il restait permis d'en nourrir une seule. Son ordonnance est datée de 1753.

La date et la teneur de ces actes divers trahissent, au moins sur un point, l'inexécution de l'ordonnance, et semblerait accuser le service des officiers forestiers. Cependant, toutes les précautions propres à assurer le bon choix de ces officiers, la probité, l'exactitude de leur surveillance, sont sagement calculées. La loi de 1669 devait d'autant plus de soins à l'organisation de l'Administration, qu'elle impose sa surveillance à la propriété privée. Le titre 26, relatif aux bois des particuliers, les soumet à plusieurs restrictions, telles que l'obligation de régler la coupe des bois taillis au moins à dix années, celle de laisser un certain nombre de baliveaux, soit dans ces taillis, soit dans les futaies; la nécessité d'observer, pour l'exploitation, les formalités prescrites à l'égard des forêts royales Des règles sûres sont tracées au mode d'exploitation de ces forêts, de même que celles destinées à assurer la sincérité dans les ventes. Des réserves sont ordonnées dans les bois de l'Etat et dans ceux des gens de main morte, pour faire une large part aux approvisionnements de la marine. Enfin, l'établissement de Louis XIV pourvoit aux nécessités du présent comme à celles de l'avenir; on ne pouvait rien de plus, ni peut-être rien de mieux, eu égard aux circonstances de mœurs et de temps, toujours si influentes sur la législation des peuples. Regrettons seulement qu'un système de pénalité mieux inspiré n'ait pas prêté sa force à des dispositions si sages. J'ai évité souvent, en retraçant les plus essentielles, de rappeler la sanction pénale attachée à chaque infraction. Le même sentiment d'humanité qui se fût soulevé dans nos cœurs, a sans doute combattu, bien des fois, la sévérité du juge et favorisé la désuétude des prohibitions que la loi avait le plus d'intérêt à maintenir.

Les longues années de paix du règne de Louis XV, en produisant un accroissement sensible de population, amenèrent par contre une chance funeste à la fortune forestière de la France. La propriété privée, gênée par les entraves blessantes de la législation de Louis XIV, trouva dans les défrichements un moyen énergique de s'en affranchir. Ce fut vers le milieu du dernier siècle que les défrichements, encouragés sur les terres incultes par les exemptions, immunités et priviléges des Rois François I.er, Henri IV, Louis XIII et Louis XIV même, parurent dangereux en s'étendant jusqu'aux bois des particuliers. Divers arrêts du Conseil s'opposèrent à leurs progrès : celui du 12 octobre 1756, rendu sur les représentations du syndic général de la province du Languedoc, intéresse directement les habitants de cette province. Il est fait défense d'y défricher aucune terre plantée en bois, sur les montagnes ou dans la plaine, pour quelque cause que ce soit, sous peine de cinquante livres d'amende pour chaque arpent de défrichement.

Tel était l'état de la législation à l'époque où l'édifice entier de la conservation s'abîma dans le gouffre ouvert par nos dissentions politique. Et nous, de cette fatale dispersion qu'un souffle a pu produire, nous sommes occupés, depuis un demi-siècle, à recueillir les débris.

Déjà, en l'an III, un décret de la Convention fait revivre, sous une nouvelle dénomination, le droit de martelage, en opposition à la liberté absolue du droit de propriété. Une atteinte plus profonde à ce droit lui fut portée encore par la loi du 9 floréal an XI, qui dispose : « Que, pendant vingt-cinq ans, aucun bois ne pourra être arraché et défriché que six mois après la déclaration qui en sera faite par le propriétaire devant le Conservateur forestier de l'arrondissement où le bois sera situé, et établit les peines encourues par les contrevenants. »

D'un autre ôté, l'Administration forestière fut rétablie au commencement de ce siècle avec un personnel capable et des attributions bien définies. La Cour de cassation et le Conseil d'Etat rivalisèrent d'efforts pour conserver de l'ordonnance de Louis XIV tout ce qui ne heurtait pas directement les principes du droit nouveau; mais ce concours manquait de force faute d'unité. Ainsi, l'avis du Conseil, du 18 brumaire an XIV, approuvé le 16 frimaire suivant, porte sur quatre questions, intéressant au plus haut point l'état et l'avenir des forêts. Sur trois de ces questions, les dispositions de l'ordonnance de 1669 sont rappelées et maintenues dans toute la possibilité de leur application; sur celle qui consiste à savoir si un particulier peut être empêché d'introduire des bestiaux dans ses propres bois, avant qu'ils soient défensables, le Conseil est d'avis que, « sans doute, on doit » empêcher qu'un usager n'exerce son » droit en un temps où son usage dé- » truirait la propriété... Mais le pro- » priétaire qui introduit des bestiaux » dans ses bois, n'exerce ni un usage, » ni une servitude; il use de sa chose.

» La propriété consiste dans le droit » d'user et d'abuser, sauf les intérêts » des tiers. Ce droit doit être respecté, » à moins qu'il n'en résulte de graves » abus. Quel que soit l'intérêt de l'Etat » à la conservation des bois, on peut » s'en remettre à celui des particuliers » de ne pas dégrader des bois qui lui » appartiennent. » En regard de cette décision, la Cour de cassation fournit deux arrêts bien plus salutaires à la conservation : celui du 9 novembre 1807 nous donne très-substantiellement les vrais principes de la matière. Un procès-verbal du 5 novembre 1807, d'un garde forestier, constatait que des chèvres et moutons avaient été trouvés pacageant dans un taillis de sept ou huit ans. Les propriétaires de ces animaux se sont défendus de l'action de l'administration forestière, en alléguant le consentement du particulier, propriétaire du bois, qui, effectivement, les a avoués; sur quoi les prévenus ont été acquittés par les premiers juges; mais la Cour, « vu l'art. 13 du titre 19 de l'ordonnance de 1669;

» Et attendu que la prohibition portée dans cet article, est d'ordre public et de police générale; qu'elle est une mesure d'administration pour la conservation des bois, que les chèvres et moutons endommagent d'une manière irréparable; que cette prohibition étant absolue contre ceux qui ont droit d'usage dans les bois de l'Etat ou des particuliers, elle a le même caractère à l'égard de tous autres; qu'elle n'est pas seulement relative à l'intérêt des particuliers propriétaires de bois, qu'elle a aussi pour objet l'intérêt national; que dès lors son infraction ne saurait être couverte dans les bois des particuliers, par le silence des propriétaires, ni même justifiée par leur approbation. Par ces motifs, la Cour casse, etc. »

Ces arrêts, censurés par M. *Merlin*, comme contraires à la décision souveraine du Conseil d'Etat, ne purent, par ce motif, fixer la jurisprudence de la Cour de cassation; elle défit, par des décisions contraires, l'autorité et la sagesse de ces préceptes. Les mêmes hésitations, les mêmes incertitudes se produisirent sur d'autres points essentiels. Les changements fréquents survenus dans la haute sphère du pouvoir, ne favorisèrent pas la suite et l'unité de vues nécessaires à l'action administrative. La défense de défricher, à peine sensible pendant les guerres de l'Empire, alors que la culture ordinaire avait à peine des bras suffisants à son œuvre, cette défense parut gênante après quelques années de paix et de prospérité. C'est en vain qu'une loi du 23 novembre avait soustrait à toute augmentation d'impôt, pendant trente années, les terres en friche nouvellement plantées ou semées en bois. En vain était-il ordonné par l'art. 116 de la même loi, que *le revenu imposable des terrains en valeur, qui seraient plantés ou semés en bois, ne serait évalué, pendant les trente premières années du semis ou de la plantation, qu'au quart de celui des terres d'égale valeur non plantées;* ce texte de loi restait inconnu, inappliqué partout, tandis que les demandes en autorisation de défrichement venaient prouver, en s'augmentant chaque jour, les tendances contraires des idées ou des besoins de l'époque.

Les choses étaient à ce point, qu'en 1822, 8051 demandes de défrichements furent enregistrées au ministère des finances. 4055 furent refusées; sans empêcher qu'il ne s'en produisît 6489

l'année suivante. Il est vrai que cette fois on en refusa 5668, un peu plus des cinq sixièmes. Dans les années qui suivirent jusqu'à 1827, les états officiels attestent une décroissance produite, sans autre cause, par la sévérité du ministère. Le nombre des demandes pendant ce période est de 12155, sur lesquelles on en refusa 7511.

On voit d'après l'ensemble de ces faits s'il était nécessaire de rappeler enfin avec autorité les principes conservateurs, si une nouvelle réformation était devenue nécessaire. Ce grand travail fut entrepris en 1827; il fut préparé avec soin et maturité; on consulta toutes les cours de justice, on invoqua les lumières et l'expérience de l'administration, on prépara par des discussions sérieuses celle qui devait avoir lieu devant les Chambres; on présenta enfin à la législature le code forestier qui nous régit. Nous sommes disposés à tenir compte non-seulement des difficultés inhérentes au sujet, mais encore de celles que font naître les formes actuelles de la législation. Une discussion tiraillée en tous sens par les organes divers d'opinions politiques qui cherchent à se satisfaire, aux dépens même du sujet discuté; la nécessité, toujours présente, de ménager les intérêts qu'on ne peut vaincre, et ceux qui demandent satisfaction; le besoin de rallier et de conserver les suffrages que la surprise d'un amendement peut éblouir; toutes les phases enfin de la discussion publique, si favorables à la solution des hautes questions politiques, ne le sont pas également à l'établissement laborieux d'un code complet sur des matières d'administration. Quoi qu'il en soit, les résultats de l'expérience qu'invoquaient sans orgueil les auteurs du code forestier n'ont pas répondu favorablement à leurs vues, et nous avons à rechercher encore aujourd'hui les moyens de compléter leur travail.

Il faut en convenir d'abord, nous sommes disposés à plus de sagesse par moins de richesses. Le sol forestier du royaume, en 1827, était de 6,500,000 hectares, en comprenant dans cette contenance les landes, les bruyères et les terrains dépouillés. Sur la masse totale, l'État où la Couronne possédaient 1,100,000 hectares, les communes 1,200,000 hectares; restaient 3,500,000 hectares au domaine de la propriété privée. Depuis lors, l'État a vendu une partie notable en quantité sinon en qualité de ses forêts, et la plupart des ventes furent faites avec permission de défricher. Quant aux communes, elles n'ont pas besoin de vendre pour s'appauvrir, si l'on en juge par la manière dont sont traités leurs anciens domaines. Enfin, les défrichements qui n'ont pas cessé de travailler la propriété privée doivent avoir maintenu jusqu'à présent la proportion déterminée, et complété la décroissance générale : de là pour nous la nécessité plus pressante que jamais d'élever le revenu d'un capital trop amoindri, de fortifier les moyens de conservation, et de les étendre sur la propriété particulière qui occupe une moitié du territoire forestier.

L'art. 2 du Code forestier reconnaît aux propriétaires des bois et forêts l'exercice de tous les droits résultants de la propriété; et sauf deux restrictions introduites par les dispositions subséquentes en opposition trop violente à ce principe, la loi le respecte avec un scrupule qui blesse, en un cas, le besoin de la conservation.

Par la première restriction, un droit est réservé pour vingt ans à la marine de se pourvoir, dans la propriété particulière, du bois nécessaire à ses constructions; si l'aménagement parcimonieux de la propriété n'avait pas rendu vaine cette restriction, il y aurait lieu de faire peser gravement l'intérêt de l'État en faveur de son utilité; mais s'il est vrai, au contraire, que les bois sont dépouillés de toute réserve où la marine puisse se pourvoir; cette considération, jointe à celle que les bois propres aux constructions navales peuvent être achetés dans les pays étrangers à un prix fort inférieur à celui des bois de France; l'exemple de l'Angleterre où les approvisionnements ne sont pas négligés, et où le droit de martelage n'est pas en usage; tous ces motifs connus et appréciés par le gouvernement, amèneraient la suppression d'une gène fatigante pour la propriété sans compensation utile pour l'intérêt public.

Le droit de martelage n'intéresse nullement l'amélioration du régime forestier; et la défense faite à tout propriétaire pendant la même période de vingt ans, de défricher ses bois sans autorisation préalable, constitue un moyen de conservation aussi stérile que le précédent, puisqu'il ne contribue pas mieux à l'œuvre de la régénération.

On ne chercha pas, en empruntant cette disposition aux décrets arbitraires du Conseil d'état de l'Empire, à dissimuler les vices de son origine; il semble, au contraire, qu'on ait voulu les mettre en évidence par la timidité avec laquelle on l'excusait.

« Rien n'est plus respectable, disait
» l'orateur chargé de défendre le pro-
» jet de Code devant les Chambres,
» que le droit de propriété; et le droit
» de la nature n'admet guère de limi-

» tes; il comprend la faculté d'user et » d'abuser; cette faculté inhérente à » la propriété et qui la constitue, est, » dans notre corps social, un principe » de vie qu'il faut se garder de mécon- » naître et de blesser. » Et plus loin, s'inclinant devant ces principes qui trouvaient en lui-même un organe si pur, M. *de Martignac* ajoute : « Nous » nous sommes bien gardés d'intro- » duire la prohibition dans la loi, » comme principe, comme une règle » permanente; nous l'avons au con- » traire considérée comme une excep- » tion, et comme une exception limi- » tée et temporaire. Le titre relatif aux » bois des particuliers ne contient au- » cune disposition de ce genre; à la » fin de la loi, seulement, un titre » transitoire proroge pendant vingt » années, la prohibition de défriche- » ment sans autorisation; tout permet » d'espérer qu'à l'expiration du terme » fixé par les articles transitoires, la li- » berté pourra être rendue tout entière » à la propriété avec les seules précau- » tions qu'exigera toujours la situation » des montagnes et des terrains pen- » chants et ardus. »

Après de tels aveux il devient dif- ficile de justifier en principe cette sin- gulière disposition de la loi qui ne se montre impérative que pour déléguer un pouvoir discrétionnaire à l'adminis- tration. N'avait-on pas éprouvé les in- convénients attachés à ce mode abusif de conservation, dont le moindre tort est de paraître inique alors même qu'on l'exerce dans des conditions sa- lutaires ? Ces conditions dominèrent- elles toujours dans les arrêtés de l'ad- ministration ? N'a-t-elle pas, soit en dé- fendant, soit en permettant, tantôt surexcité l'importunité, tantôt provo- qué des sollicitations nouvelles ? Le

chiffre constaté des demandes pro- duites fournirait sur ce point des ren- seignements concluants. S'il était aussi facile de dénombrer tous les bois en- levés au territoire, malgré les défenses et en fraude même des plus sages pro- hibitions, nous arriverions à n'accor- der qu'une importance bien secon- daire à ce moyen factice de salut ré- servé par le Code à la propriété privée.

Quarante années d'épreuve doivent suffire à l'essai qu'on en voulut tenter. Durant ce laps de temps, le dépérisse- ment de la propriété forestière n'a point cessé de s'aggraver. On a défri- ché avec autorisation ou sans autorisa- tion; quelquefois, pour s'en affranchir, on a vu des propriétaires dégrader à plaisir leurs bois de manière à les ré- duire à l'état de friche, afin de les dé- rober ainsi aux exigences de la conser- tion. La prohibition générale et abso- lue de l'ancien régime compensait par le prétexte de son utilité et par l'in- flexibilité de son application, ses torts manifestes envers les droits de la pro- priété. Ceux-ci ont acquis une consé- cration nouvelle, lorsqu'on substitua la condition d'une autorisation préalable à la défense positive; et le pouvoir ar- bitraire laissé à l'administration fut déconsidéré de toute la force qu'on retirait à la loi; ne soyons donc point surpris des résultats négatifs obtenus jusqu'à ce jour. Les intérêts fondés sur un droit légitime se produisent sans permission et se font jour à travers les défenses; il faut les réduire en les éclairant, et renoncer à les vaincre par de vaines menaces.

M. le Ministre des finances disait aux Chambres, lors de la discussion du Code forestier : « Les propriétaires de » bois sont soumis à un impôt foncier » très-lourd, et il n'est pas étonnant

» qu'ils aient un intérêt réel au défri-
» chement. » Partir de ce point pour
leur imposer l'autorisation préalable,
n'est-ce pas avouer toute l'injustice de la
loi, et justifier les résistances qu'on lui
oppose? Un moyen légitime d'empêcher les défrichements de bois, un
moyen correspondant aux causes que
leur assignait sagement M. *de Villèle*,
c'est le dégrèvement de l'impôt foncier. Il n'est pas douteux que ce moyen
entrait dans les prévisions du Ministre
qui signalait avec tant de franchise les
motifs bien fondés des déboisements.
Le dégrèvement pourrait aller jusqu'à
l'exemption de tout impôt, sans en-
courir le reproche de constituer un privilége, son objet et sa fin étant de ra-
mener une égalité protectrice entre
des produits inégalement favorisés.

Voyez, en effet, comme le jeu de
l'impôt, dans son assiette actuelle, ag-
grave l'infériorité de condition de la
propriété forestière. Sa répartition a
lieu, comme on sait, dans chaque commune, sur la base uniforme d'un revenu
annuel présumé, et frappe ce revenu
dans une proportion invariable. Sup-
posons ce revenu fixé au cinquième ;
un hectare de terre planté en bois ne
donnant aucun revenu jusqu'à l'époque
du premier émondage des arbres qui
a lieu à la fin de la quatrième année,
le propriétaire sera en avances, alors,
envers le fisc, de toute une année de
son revenu, plus de l'intérêt annuellement composé des sommes par lui ver-
sées. Sa taxe aura donc dépassé le cinquième. Un hectare de terre cultivée
fournit, au contraire, sa contribution
sur un revenu réalisé ou du moins réalisable. Le propriétaire de cette terre,
pour assimiler sa condition à celle du
sylvicole, doit faire compte de l'intérêt
de chaque somme par lui annuellement

perçue en produit net; le total, dans un
égal période, ferait descendre sa taxe
au-dessous du sixième.

Ces calculs, applicables surtout à la
petite propriété, expliquent les effets
désastreux du morcellement sur les
bois et forêts du royaume, et font re-
tomber toute la responsabilité du mal
sur les vices de l'impôt. Les mêmes
causes, avec plus d'évidence encore, ont
rendu impossibles les réserves et les
futaies. Comment suffire à soutenir
des arbres séculaires contre l'acharne-
ment incessant d'un prélèvement annuel, alors que la privation du revenu
constitue déjà une charge onéreuse.

L'infériorité des produits forestiers
résulte d'ailleurs d'une inégalité natu-
relle : leur volume encombrant, leur
poids, les difficultés même des lieux
où ils excroissent, toutes les circonstances qui peuvent augmenter les frais
d'exploitation et le prix des transports,
leur viennent en défaveur. Je n'insiste
pas sur ces faits; ils sont connus, avérés;
ils motivèrent et accusent la condition
restrictive imposée aux défrichements,
et concourent aux reproches mérités
par cette disposition de la loi d'être à
la fois injuste dans son principe, fau-
tive dans son application, inefficace
dans ses résultats.

On pourrait la légitimer seulement
par l'abolition de tout impôt. Une telle
mesure rendrait possible sur la propriété privée l'établissement de tout
le système conservateur embrassant
l'aménagement, fixation d'âge pour les
coupes, obligation de réserves, etc. On
achèterait ainsi par une faveur les priviléges du propriétaire pour l'enrichir
de sa juste part dans les bénéfices acquis à la prospérité générale. Malheureusement ce plan de réforme si complet demanderait au trésor des sacrifices

trop considérables. On ne peut songer à établir deux catégories, et nul motif équitable ne plaide pour concentrer l'immunité sur la propriété privée. Or, la moitié au moins du territoire forestier, formée de tout ce qui appartient aux communes, à l'État, à la couronne, etc. reste soumise aujourd'hui au payement de l'impôt, en même temps aux mesures de conservation qu'on proposerait d'étendre aux bois des particuliers. Évidemment on achèterait trop cher le salut de ceux-ci en leur sacrifiant les impôts même acquittés par l'autre partie de domaine forestier.

Attachons-nous donc à la recherche d'un mode d'amélioration réalisable, et gardons avant tout nos idées de se généraliser sur des différences essentielles.

Il est inutile de remarquer d'abord, que les bois appartenant aux particuliers entrent seuls dans l'objet de notre discussion. L'État est maître, dans ses forêts comme propriétaire, dans celles des communes ou tout établissement public comme tuteur, de maintenir les règles prohibitives existantes. Là, aucun principe ne souffre de la toute-puissance du législateur.

Les impossibilités physiques ont aussi des exigences impérieuses que nul ne peut vaincre sans dommage pour lui-même. Les proclamer, c'est un devoir; les sanctionner, c'est un droit qui n'admet pas de droit contraire.

Ainsi donc que la montagne, que les terrains penchants et ardus, inséparables de leurs produits forestiers, soient soumis à une prohibition absolue de défrichement; c'est le vœu de la nature. La loi ne saurait se montrer trop sévère pour réprimer des abus dévastateurs mal déguisés sous l'apparence d'un droit; c'est même une bizarrerie

à signaler que dans l'état actuel de la législation une permission administrative puisse dans ce cas autoriser un ravage caractérisé. Dût-on répondre qu'une telle autorisation est sans exemple, je préférerais qu'il fût interdit de la solliciter. Hors de cette exception légalement circonscrite, le propriétaire ne doit être enchaîné que par son intérêt sagement éclairé; les mesures les mieux calculées pour accroître ses revenus sont celles qui préviendront le plus sûrement les défrichements.

Dans ce but, j'ai déjà indiqué le dégrèvement de l'impôt foncier, moyen sûr et immédiat d'amélioration.

La création de nouvelles voies de transport par terre ou par eau, le bon entretien de celles qui existent, la réduction des tarifs, tout ce qui facilite l'écoulement et la vente des denrées encombrantes, viendra en aide aux améliorations de l'avenir.

Le présent doit trouver encore de nouvelles et puissantes ressources dans toute disposition législative qui concourra à établir un bon système de conservation. Avançons donc avec confiance vers ce but. La liberté laissée à la propriété de transformer ses produits, légitime déjà les prescriptions impératives par lesquelles la loi s'efforce de les améliorer.

L'ordonnance de 1669 obligeait les bois des particuliers à l'observation du régime conservateur dont je remarquais tout à l'heure l'heureuse influence. Le législateur fixait un âge à la coupe des taillis, ordonnait des réserves, réglait enfin l'aménagement tout entier. L'état de la propriété forestière très-peu grevée à cette époque, et constituée dans sa plus grande partie en biens nobles exempts de toute contribution, permettait ces dispositions arbitraires qui obtinrent leur complément au milieu de l'autre siècle, lorsque Louis XV vint opposer les arrêts de son Conseil au progrès du défrichement. Quoi qu'il en soit, nous ne saurions aujourd'hui exiger de tels sacrifices que sous des conditions rémunératoires, et j'ai déjà démontré la difficulté de les établir convenablement. Contentons-nous d'emprunter à l'ordonnance celle de ses prescriptions qui peut se reproduire utilement sans entraves blessantes et sans précautions dilatoires.

Les abus du pacage sont plus funestes aux bois des propriétaires qu'à ceux du domaine public, parce qu'ils perdent là, bien souvent, le caractère de délit et sont à l'abri des poursuites. Tous bergers, colons partiaires ou fermiers, qui tiennent à cheptel ou pour leur compte du bétail ou des troupeaux, ont toujours pour objet de profit, c'est-à-dire pour objet de ruine, la partie boisée de la propriété. On voit même trop souvent des propriétaires eux-mêmes accessibles à cette ignorante cupidité; mais plus souvent encore victimes des délits que leur tolérance forcée rend impunissables, ils en subissent les désastreux résultats. Les troupeaux sont conduits dans les taillis où croissent des herbes plus substantielles que ne le sont celles qui s'étiolent sous l'ombrage des bois montés; leurs parcours et leurs ravages détruisent tout produit prochain, tout espoir de régénération, préparent enfin les défrichements devenus indispensables un jour par l'amoindrissement du revenu. Les choses ne se passaient pas ainsi sous l'empire de l'ordonnance. Le pacage des chèvres, brebis et moutons était soumis à l'interdiction générale, et celui du gros bétail à la condition de défensabilité des bois.

Sans aller jusqu'à cette distinction, trop sévère pour l'intérêt actuel du propriétaire, ne pourrait-on pas, du moins, lui défendre de faire ou laisser conduire son bétail ou ses troupeaux dans ses propres bois lorsqu'ils ne sont pas défensables? Je ne voudrais point détruire les principes dont je m'appuyais moi-même contre les prohibitions; mais enfin, la maxime, que tout propriétaire peut user et abuser, a ses limites comme toute théorie absolue. Deux arrêts de la Cour de cassation nous enseignèrent comment l'intérêt national pouvait et devait résister aux caprices de l'intérêt privé; et le même orateur qui nous a prêté tout à l'heure d'éloquentes paroles en faveur du principe de la propriété, nous en fournit aussi pour assigner des bornes à ses droits.

« Cette grande règle doit fléchir,
» disait-il à la Chambre des Députés,
» devant la considération plus grande
» encore du besoin social et de la con-
» servation commune; c'est à ce prix
» que la société garantit à tous ses
» membres leur sûreté et leur pro-
» priété. C'est un sacrifice que l'intérêt
» de chacun doit faire à l'intérêt de
» tous, et qui profite ainsi à ceux
» mêmes à qui il est imposé. La ques-
» tion d'intérêt général, la question
» d'utilité publique est donc, dans la
» réalité, la seule qu'il faille considé-
» rer. Le principe ne saurait être con-
» testé, mais l'application peut en être
» combattue. »

Je le demande : la défense, restreinte comme je l'ai fait, à un abus du pacage, n'offre-t-elle pas ce caractère d'utilité qui rend incontestables les droits et les devoirs de l'État?

Si jamais la contrainte est permise envers la propriété, n'est-ce point quand il s'agit de la réduire aux lois naturelles de sa propre conservation ? Assurément les principes essentiels du droit sont moins affectés par la prohibition dont il est question ici, que par la prohibition des défrichements : et cependant combien plus elle peut avoir action sur l'accroissement de la fortune forestière du pays ! Celle-là ne sait conserver que des ruines, celle-ci propose de nouvelles chances de prospérité. L'une proscrit et enchaîne l'intérêt privé, l'autre l'active et l'éclaire. La première s'excuse par la nécessité, la seconde se légitime par son utilité féconde.

Une seule objection sérieuse, au sujet de la prohibition protectrice, pourrait naître de la crainte que, considérée comme une gêne, elle serve à multiplier les défrichements. Nous avons, pour prévenir toute appréhension, déterminé qu'il ne s'agissait nullement d'interdire le pacage des troupeaux, non plus que le pacage du gros bétail dans les bois des particuliers, mais seulement de protéger les taillis. Le propriétaire a plus souvent à se plaindre qu'à s'accuser des ravages qu'y occasionnent ses troupeaux. C'est pour lui certainement que nous stipulons, quoique nous ayons pour but l'intérêt général. Comment se pourrait-il faire qu'en augmentant ses revenus de tout ce que lui ravissent les délits de ses bergers, de ses colons partiaires, ou même de tout ce qu'il se ravit à lui-même par son fait, nous vinssions à augmenter les chances du déboisement ? Non sans doute ; en retour des bienfaits d'une complète liberté, c'est ne rien exiger que de soumettre la propriété privée au régime de cette disposition de la loi commune qui ne permet le pacage que dans les bois suffisamment défendus. Ayons soin seulement d'établir une règle fixe à la défensabilité, de manière à ménager un droit susceptible et facile à s'alarmer.

En réalité, la défensabilité des bois est établie par la nature, et souffre toutes les différences provenant des terrains, des essences, et des modes divers d'exploitation. L'art. 67 du Code forestier, en vue des droits d'usage, et pour ne leur accorder, suivant un principe toujours invoqué et trop souvent méconnu, que selon l'état et la possibilité des forêts, ordonne : que, quel que soit l'âge et l'essence des bois, les usagers ne pourront exercer leurs droits de pâturage ou de pacage que dans les cantons qui auront été déclarés défensables par l'administration forestière.

Cette disposition n'est pas irréprochable, même dans son objet actuel. La faculté illimitée laissée à l'administration forestière de fixer à son gré l'âge de défensabilité, si elle ne fit pas sentir d'inconvénient au domaine public, excita quelquefois les plaintes de la propriété privée. Celle-ci est fortement grevée aussi de ces droits onéreux contre lesquels elle ne saurait jamais avoir trop de défenses. On a cru remarquer de la part des agents de l'administration moins de sollicitude pour l'intérêt des propriétaires que pour celui de l'Etat ; on accusa des soins protecteurs inégalement partagés ; la défiance, enfin, qui s'attache toujours aux actes d'un pouvoir discrétionnaire, a rendu suspectes d'indifférence leurs déclarations de défensabilité.

Il y aurait bien d'autres dangers à leur soumettre la défense, étendue au propriétaire lui-même, de faire pacager ses troupeaux dans ses propres bois, hors des conditions déterminées. D'abord impossibilité d'assurer à un tel service un nombre suffisant d'officiers forestiers, dût-on leur adjoindre les gardes champêtres. De plus, incompatibilité profonde entre des droits nécessairement hostiles et chacun absolu, celui de la propriété impatient de toute entrave, et celui de l'administration affranchi de tout contrôle. Il est inutile de s'arrêter à faire ressortir les embarras qui naîtraient de ce conflit. Comment ne pas prévoir son influence sur les progrès des défrichements, et par quelles précautions de détail prévenir ce funeste résultat?

La loi, pour donner tort en même temps aux appréhensions et aux plaintes, doit chercher force dans sa décision et dans son autorité. Qu'elle fixe, par présomption résultant des faits généraux, l'âge de la défensabilité, et cette fixation remplira un double objet : premièrement, celui de régler souverainement et sans intervention des agents forestiers, la condition à laquelle tout propriétaire peut permettre le pacage dans ses bois; secondement, celui d'enlever à l'administration forestière la faculté de déclarer défensables les bois qui n'auront pas atteint un minimum d'âge déterminé, dans le cas où cette déclaration est prescrite aux termes actuels de l'art. 67 du Code forestier. La révision de cet article entraînerait, sans doute, la nécessité de nouvelles catégories établies suivant les divers modes d'exploitation, et donnerait aux forêts de bois résineux, exploités par furetage, des garanties spéciales. C'est ainsi que, de toutes manières, le bien-être et la sécurité de la conservation gagneraient aux

dépens du pouvoir arbitraire, réduit désormais et soumis à la tutelle de la loi.

Ce premier amendement proposé au régime du pacage arrêtera ma discussion sur le sujet le plus important de la législation forestière, la définition et limitation des droits d'usage.

J'ai déjà qualifié ces droits dévorants poursuivis par la proscription de tous les siècles, de toutes les lois, que l'ordonnance de 1669 avait déclarés anéantis ou rachetables, et qui se maintenait en dépit de toutes les prohibitions, se fortifiant sous tout changement de régime, firent une invasion si désastreuse à l'époque de notre première révolution : la loi du 19 mars 1803 les atteignit à peine, en ordonnant la production des titres à l'aide desquels on pouvait les faire valoir. Un autre loi du 5 mars 1804, ne les détruisit pas en frappant de déchéance tout usager qui n'aurait pas produit ses titres dans un délai déterminé. Les Commissaires réformateurs envoyés par Louis XIV, dans quelques parties des Pyrénées, avaient déclaré ne pouvoir distinguer le caractère de la propriété, tant elle avait été défigurée par la licence des usages; les auteurs du Code les retrouvent, un siècle plus tard, environnés de leur cortège obligé de désordres et d'incertitudes.

Le Code forestier distingue, entre les droits d'usage, ceux qui consistent à prendre du bois pour chauffage, affouage, réparations d'entretien, constructions, etc., et ceux de pacage, panage et glandée. Quant aux premiers, la loi les assujettit au cantonnement, tandis qu'elle établit à l'égard des autres la faculté de rachat, sous condition qu'ils résulteront tous de titres certains ou de possession équivalant à titre.

Examinons tour à tour le mérite et la portée de ces deux modes d'affranchissement destinés à faire sortir l'ordre du chaos.

Le cantonnement n'était pas connu dans l'ancien droit ; on admettait seulement un moyen de réduire l'étendue, non pas du droit d'usage, mais du territoire sur lequel il s'exerçait, afin d'en affranchir le reste de la propriété. On appelait cela un règlement ou aménagement ; ainsi nous l'enseigne M. *Favard de Langlade*. On n'attribuait par ce moyen aucune propriété à l'usager, mais en même temps on ne dégageait peut-être pas suffisamment le propriétaire. Le cantonnement, introduit par la jurisprudence moderne, ne laisse rien d'enviable à la législation qu'il remplace. C'est un moyen équitable et facile de régler et de satisfaire des droits respectables. Le propriétaire à qui la faculté est donnée de faire estimer la part que les communes usagères peuvent avoir sur les bois, n'éprouve aucun dommage à la leur livrer tout entière et sans réserve comme sans responsabilité ; et les communes intéressées, en leur qualité nouvelle de propriétaires, peuvent y trouver la source d'un accroissement de richesses. Il faudra pour cela, sans doute, améliorer le régime conservateur dans leur domaine ; et je dirai bientôt combien cette condition importe aux bons effets du cantonnement dans l'avenir. Son mérite dans l'application actuelle est constaté par des épreuves multipliées, et ses bienfaits sont appréciés aujourd'hui par ceux mêmes qui les contestaient. La loi a donc fait tout ce qu'on pouvait attendre de sa sagesse, en dounant

à la propriété, contre les droits d'affouage, chauffage, etc., un refuge dans le cantonnement. Elle a voulu plus faire encore en lui conférant contre les droits de pacage, panage et glandée, une faculté absolue de rachat.

Je ne m'explique cette différence que par des motifs de sévérité ; car admettre avec M. *Favard de Langlade* certaines considérations de convenance qui défendent de donner du bois en échange du pâturage, ce n'est pas justifier la loi qui force à recevoir en échange du pâturage, non du bois mais de l'argent. Toute méprise est d'ailleurs rendue impossible par les termes du rapport fait à la Chambre des Pairs par M. le Comte *Roy*. Il y est dit : « Que toutes les considérations » qui peuvent être présentées pour la » restauration, pour la conservation, » et même pour l'existence des forêts, » ont commandé la disposition d'après » laquelle les droits de pâturage pa» nage et glandée, pourront être ra» chetés moyennant indemnité ; que le » pâturage est le plus grand fléau des » bois ; qu'il en emmène nécessaire» ment la destruction dans un temps » plus ou moins éloigné, puisque en » n'épargnant que les vieilles souches » qui périssent chaque jour, les bes» tiaux détruisent, par le pied ou par » la dent, le jeune plant qui vient de » semence et qui est destiné à les rem» placer ; qu'avec le pâturage il est » impossible d'espérer des futaies, puis» que les seules bonnes sont celles qui » viennent des brins de semence ; et » qu'en foulant et durcissant le sol les » bestiaux empêchent les faibles raci» nes des semences de le pénétrer ; » qu'ils écrasent ensuite ou dévorent » les jeunes plants qui auraient pu » échapper et s'élever. »

Il est bien évident, d'après cela, que le droit de rachat était adopté comme plus énergique contre les usages les plus dangereux. Eh bien, contrairement à ce but, on a substitué au moyen efficace un moyen irréalisable, illusoire et de nul effet. Les auteurs du Code sont d'autant plus inexcusables de leur méprise sur ce point, qu'ils ont proclamé eux-mêmes, et par disposition expresse, l'impossibilité de supprimer le pacage le plus offensif, celui des moutons, exercé sans titre dans les forêts de l'Etat. L'exercice du droit de rachat, c'est l'abolition complète du pacage. Que feraient les habitants des communes usagères de l'argent reçu en échange de leurs droits de pacage? Forcés de s'expatrier ou de résister avec violence, le trésor communal, grossi à leurs dépens, leur refuserait une subvention qui leur permît l'option entre ces deux voies désespérées. Personne n'a voulu les pousser à la résistance, et les tribunaux auraient sans doute comprimé toute tentative de rachat par un prix si exorbitant que chacun en eût senti la témérité.

Le rachat est pourtant, disent quelques-uns, le seul moyen légitime d'affranchissement. Car on ne peut contraindre celui qui a droit sur un tout à ne l'exercer que sur une partie du tout. C'est pourtant bien, répondrai-je, ce qui se pratique à l'égard des droits d'usage soumis au cantonnement. Ces droits s'exerçaient sur un tout et sont tenus pour satisfaits moyennant une partie du tout; et, dans la part qui leur fut faite, on a tenu en compte, sans aucun doute, le pâturage donné en échange du bois. L'essentiel est qu'il y ait provision suffisante; encore même y a-t-il au-dessus de cette considération une considération prédominante, qui est celle de l'Etat et de la possibilité des forêts. L'état de la forêt c'est le fondement, la cause inébranlable de tout contrat entre le propriétaire et les usagers, quels que soient les droits concédés; tellement que celui-là s'est obligé tacitement à ne pas transformer ses produits, celui-ci à ne rien faire qui puisse les détruire. La possibilité de la forêt, c'est la condition essentielle inhérente à la nature même et à la cause du contrat. Les principes du droit civil n'ont d'application directe que dans les cas où ils ne contrarient point ces principes inviolables du droit forestier qui offrent une base solide à tout règlement sur la matière. Je plaide, au reste, une cause gagnée, car la loi qui permet le rachat va plus loin contre les objections qu'en autorisant le cantonnement. Je me borne donc à signaler un caractère plus marqué de convenance dans ce dernier mode d'affranchissement. Son avantage sur ce point ressort avec évidence. Cantonner le pacage, ce n'est pas le détruire; limiter un droit, c'est un devoir de justice alors même qu'il y aurait possibilité de l'anéantir. Cette possibilité n'existe pas relativement aux droits de pacage : autant une tentative dans ce but est odieuse et vaine, autant une mesure conservatrice aura de mérite à commettre les juges ordinaires pour régler et cantonner le pacage, suivant les convenances générales de la loi, qui considère d'une part la nature et l'étendue des droits d'usage; de l'autre, l'état et la possibilité des forêts.

Nous avons à considérer sous un autre aspect les abus du pâturage. Les communes l'exercent dans leurs bois comme propriétaires, et dans les bois des particuliers à titre de servitude. Pour ôter ses abus à l'exercice de cette servitude, la loi, comme je viens de le dire, doit d'abord circonscrire et limiter les droits des communes ; c'est l'objet du cantonnement. Il faut maintenant prendre des mesures pour régler le pacage dans les propriétés de la commune, ce sera donner une sécurité complète à la propriété affranchie.

Les usages attribués aux populations ne sont pas de ces droits que l'on peut arrêter toujours aux limites arbitrées par la justice. C'est le besoin qui les produisit, c'est la nécessité qui les maintint ; contre les attaques de deux voisins si impérieux, il est difficile d'élever des barrières infranchissables. Le mauvais état des anciennes propriétés communales peut donner une idée du sort réservé dans l'avenir à celles que le cantonnement leur attribue ; et si rien n'est changé dans le régime habituel, si les mêmes désordres produisent les mêmes ravages, on peut prédire déjà l'époque où les habitants des communes, dénués des ressources provisoires créées par le cantonnement, viendront impérieusement redemander aux forêts affranchies l'aliment nécessaire à leur subsistance. La transformation du titre primordial hâtera le triste résultat qu'il s'agit de prévenir. Les forêts détachées de la propriété privée pour devenir communales subissant, en échange des prestations en nature, les abus épuisants du pacage, menaceront bientôt de leur ruine le reste de la propriété affranchie. Il importe donc, au plus haut point, de réglementer avec sagesse ce mode de jouissance dans les forêts communales, si nous voulons rassurer dans le présent aussi bien que dans l'avenir tous les intérêts et tous les droits.

Les communes possèdent au même titre que l'Etat et sous les mêmes conditions conservatrices ; tout amendement favorable à la conservation contribuera donc à l'amélioration de leurs propriétés forestières. Indépendamment des mesures que nous avons à proposer dans ce but, leur intérêt réclame une distinction spéciale. Le domaine public ne souffre de l'exercice du pacage que par servitude ; le cantonnement lui donnera aussi bien qu'à la propriété particulière le moyen de s'en affranchir. Nous avons d'ailleurs proposé d'obliger le propriétaire à respecter chez lui-même des règles de défensabilité, mais en refusant de distinguer, par rapport à ses droits, le pacage du bétail à laine du pacage du gros bétail.

Nous n'avons pas le même motif de tolérance vis-à-vis des communes. Le régime de leur propriété est confié à la tutelle de la loi, elle autorise le pacage du bétail à cornes ; c'est ce genre de pacage qui a fait la matière de toute notre discussion jusqu'ici. Quant au pacage des chèvres, brebis et moutons, soit qu'il fût exercé dans la propriété communale ou au dehors, il pouvait et devait rester sous l'application prohibitive de l'art. 68 du Code forestier, par lequel il est défendu : « nonobstant tous titres ou possessions » contraires, de conduire ou faire con- » duire des chèvres, brebis ou mou- » tons dans les forêts ou sur les ter- » rains qui en dépendent ; à peine con- » tre les propriétaires, d'une amende » qui sera double de celle qui est pro- » noncée par l'art. 199..... Ceux qui » prétendraient avoir joui du pacage » ci-dessus en vertu de titres valables

» ou d'une possession équivalant à » titre, pourront, s'il y a lieu, récla- » mer une indemnité qui sera réglée » de gré à gré, ou, en cas de contes- » tation, par les tribunaux. »

Il n'y aurait sur cet article d'autres observations à faire que celles dont je me suis déjà servi pour combattre le droit de rachat, si n'était le dernier paragraphe qui vient confirmer pleinement les raisons que j'ai données à l'appui de mon opinion et fournir matière à une discussion nouvelle.

« Le pacage des brebis et moutons » pourra, néanmoins, être autorisé » dans certaines localités par ordon- » nance du Roi. »

Ce qu'on peut entendre par localités, la Commission de la Chambre des Députés nous l'apprend par l'organe de son rapporteur; elle avait remarqué que, dans quelques provinces, et particulièrement dans le Midi de la France, il y avait à peine d'autres bestiaux que des moutons et pas d'autres lieux de pacage que les forêts. Ainsi l'exception n'est pas limitée à certaines fractions minimes d'une contrée, elle peut s'étendre à une contrée tout entière; et aux Pyrénées, elle confond toute la propriété forestière dans un péril général; car ce n'est pas sérieusement qu'on répondrait aux plaintes du propriétaire par les expressions d'un article qui commence par lui reconnaître le droit de s'affranchir moyennant indemnité, et finit par déclarer que l'objet du rachat est indispensable à celui qui le possède.

Le pacage des chèvres reste seul frappé d'une interdiction absolue; la Commission de la Chambre ayant reconnu cette prohibition indispensable pour la conservation des forêts.

Si nous consultons cependant les annales de la législation forestière, à peine voyons-nous une différence reconnue entre les dégâts occasionnés par le pacage des chèvres et ceux imputés au pacage des brebis. On attribua, toujours et partout, à la dent meurtrière des bêtes à laine, aux émanations pestilentielles qu'elles exhalent, aux habitudes désordonnées de leurs parcours, la dépopulation et la ruine des forêts. S'il y a de l'exagération dans ces alarmes, on ne peut nier du moins qu'elles ne soient générales et accréditées. Admettre les troupeaux au pâturage dans toutes les parties des forêts, c'est braver témérairement l'expérience des siècles, c'est interdire la régénération des bois. On justifie mal une exception funeste par les limites mêmes de son application, alors qu'elle embrasse tout le territoire d'une province. On invoque, il est vrai les besoins actuels des populations, et voilà le seul motif qui mérite d'être pris en considération très-sérieuse. On ne doit pas sacrifier le présent à l'avenir, j'en conviens; mais n'est-il pas coupable aussi de sacrifier l'avenir au présent? et ne sommes-nous pas comptables enfin envers les générations qui naîtront dans les pays dont nous aurons fait la ruine?

Il n'est pas impossible de concilier ces deux intérêts. Le moyen de les satisfaire, c'est de donner une part à chacun dans un aménagement bien réglé de la propriété communale, et d'ordonner la dépense en vue de ménager une réserve. Avant tout, il faut constater la nécessité invoquée par les communes qui prétendraient ne pouvoir se passer du pacage des brebis. Cette nécessité reconnue et proclamée officiellement, autorisera un classement spécial du territoire forestier appartenant aux communes admises au bénéfice de l'exception. Les officiers de l'administration assigneront au pacage des brebis et moutons la partie suffisante et la moins dommageable de la forêt communale; le surplus, affranchi de leur parcours, sera réservé tout entier à sa destinée réparatrice.

Cet aménagement, fixé de manière à proportionner la dépense au revenu, empêchera l'accroissement abusif des troupeaux dans la commune. Un tel résultat ne serait pas son moindre avantage; on balancerait d'ailleurs la perte par le profit, le sacrifice par l'utilité. Enfin, les usagers contenus vis-à-vis des propriétés soumises au pacage de leurs brebis, par la perspective d'un cantonnement réalisable, donneraient plus de soins à leur garde; retenus chez eux dans un cercle sévèrement tracé, leurs délits deviendraient plus rares et la surveillance plus facile. Ainsi, le même mode économique, tantôt sous la dénomination de cantonnement, tantôt sous forme de règlement particulier aux communes, serait adopté contre les usagers en transformant leurs titres et leurs droits, et pour leur avantage en mettant de sages conditions à leur jouissance comme propriétaires.

Mais ce n'est pas assez des dispositions législatives les mieux entendues, si une sanction efficace ne vient leur donner force et valeur. Un système complet de pénalité embrasse la définition, le châtiment et la poursuite des délits, et dans chacune de ses parties peut affecter ou protéger à un degré essentiel le système entier de la législation forestière.

La définition et classification des délits forestiers a ses écueils et ses difficultés. Il faut se garder d'enlever aux crimes prévus et punis par la loi com-mune leur caractère aggravant; il est nécessaire en même temps de fournir des dispositions particulières au besoin spécial de la conservation. Je ne doute pas que l'expérience n'ait accusé quelquefois le Code forestier d'avoir failli à cette double condition. Voici l'exemple pour démontrer la règle et justifier le reproche. Un homme de confiance, préposé ou commis salarié, commet-il un vol dans son emploi, le Code pénal caractérise et punit sévèrement son crime. Un charbonnier qui travaille pour le compte et dans les bois du propriétaire, abuse de la confiance jusqu'à dérober le charbon; lui imputera-t-on seulement un délit forestier? cela ne peut être, car son infidélité aurait un privilège inexplicable en échappant à l'application de la loi commune. Un ou plusieurs délinquants auront coupé des branches d'arbre. Voici un fait soumis à tort aux dispositions de la loi commune, qui devrait être puni par les lois spéciales de la conservation. Une révision attentive du Code fera disparaître d'autres taches légères et doit arrêter sérieusement la réforme sur tout ce qui concerne les peines appliquées au délit.

La lecture seule du Code fatigue par la répétition monotone d'une menace d'amende qui ne cesse pas de gronder. Soit qu'il s'agisse d'inobservation aux mesures de police ou de délits caractérisés, c'est toujours l'amende qui punit, frappant sans relâche, avec redoublement quelquefois, et presque toujours à côté des coupables. Qu'importe, en effet, l'exagération des amendes à celui qui ne peut pas les payer! Nous savons comment se graduaient les peines sous l'ordonnance de 1669. Fallait-il sanctionner la défense faite aux habitants des communes de garder leurs troupeaux à garde séparée ? la peine attachée à la première contravention est une amende de dix livres, pas davantage, et c'est peut-être déjà trop, car avec les délinquants des montagnes l'amende la plus faible est celle qui a le plus de chance d'être payée; la récidive était punie par la confiscation du bétail pris en délit, et la troisième contravention entraînait la privation du droit d'usage. Aujourd'hui une semblable contravention ou toute autre ainsi multipliée encourrait la peine d'une amende forte, plus forte, très-forte, que personne ne subira. Propriétaires et pâtres trouvent également dans leur insolvabilité un préservatif infaillible contre les poursuites du fisc; de telle sorte que les articles 212 et 213 du Code, qui convertissent de fait toute condamnation pécuniaire en un emprisonnement de la durée variable de quinze jours à deux mois, donnent, en définitive, la mesure et la force de la sanction faite à la loi.

Eh bien, une telle garantie, pour l'observation de tant et de si diverses prescriptions, manque à la fois le but et les moyens !

Les magistrats chargés de rendre les jugements en matière de délits forestiers, diraient la répugnance qu'on éprouve à charger de condamnations inutiles des malheureux qui ne chercheront dans le châtiment qu'un allégement à leur misère. Il est impossible d'obtenir d'eux le payement des amendes qu'ils ont encourues. Pour toute satisfaction à la loi, ils viendront, dans la mauvaise saison, s'entasser dans la prison du chef-lieu, où ils trouveront au moins un asile et du pain. Quant au résultat moral, nul n'y songea pour eux. La prison sert, faute de meilleur moyen, de correction; on ne l'a pas

choisi, et personne ne lui connaît une efficacité quelconque; la loi elle-même, qui n'a recours à la prison que faute par les délinquants de satisfaire aux condamnations pécuniaires, indique à la fois les moyens coërcitifs qu'elle voudrait atteindre, et ceux que la nécessité lui donne; c'est-à-dire, qu'elle manifeste en même temps la volonté et l'impuissance de punir.

Peut-on s'étonner, dès lors, du peu d'effet produit par les dispositions conservatrices, et de la multiplicité toujours croissante des délits. On objectera qu'ils se produisaient trop fréquemment encore sous l'empire de l'ordonnance de 1669, à laquelle ne manquent ni le choix ni la rigueur du châtiment. Je crois que la sévérité outrée de l'ordonnance a produit son inexécution. Je l'ai déjà dit; si les poursuites et les condamnations avaient eu lieu suivant ces prescriptions, ni les abus, ni les usages ne seraient parvenus jusqu'à nous. Il faut nécessairement qu'une longue tolérance ait tour à tour désarmé chaque disposition prohibitive. Tel est, au reste, le sort réservé à toutes les lois sanctionnées par une pénalité exagérée. Il n'existe pas de juge impitoyable. La répugnance à frapper sans mesure, vient d'un sentiment qui honore l'humanité : loin de le tourner au préjudice de la loi, servons-nous-en pour la maintenir toujours dans une modération calculée sur le strict besoin de la justice.

Laissons les rigueurs extrêmes, nécessaires peut-être aux efforts civilisateurs des anciens temps : ce n'est pas moi qui proposerai de faire revivre, fût-ce dans le coin le plus obscur de la législation, cette odieuse confiscation, effacée, je l'espère, à jamais de nos Codes; mais défions-nous aussi du faux sentiment d'humanité qui sacrifie des intérêts essentiels. S'il est reconnu que la prospérité forestière importe à la prospérité de l'Etat; si les enseignements de tous les âges ne sont pas vains, qui indiquent le pacage et ses délits comme cause de toute dévastation, ne refusons pas une main ferme au châtiment qui doit atteindre les coupables. La prison n'est point la peine qu'ils redoutent; l'amende les frappe rarement; c'est une peine d'ailleurs qu'on ne saurait graduer sans accroître son impuissance; la confiscation ne vaut pas l'honneur d'une discussion. Reste, pour suppléer à l'insuffisance du Code, et pour remplir la lacune ouverte aux délits les plus dangereux, à établir la peine de l'interdiction temporaire du droit qui aura donné lieu au délit.

Je ne prétends pas indiquer tous les cas où la disposition nouvelle remplacerait utilement les dispositions pénales du Code forestier; je ne veux pas non plus m'arrêter aux cas plus nombreux qui doivent rester soumis à l'application des peines établies; une observation générale indiquera l'objet et la nécessité de l'amendement que je propose. Nous recherchons les moyens d'améliorer le régime intérieur des forêts communales, et les moyens de corriger l'abus des droits d'usage; en un mot: de prévenir, par la menace du châtiment, les ravages des populations propriétaires et usagères. La loi actuelle ne sait, ai-je dit, ni punir ni prévenir leurs délits. S'agit-il de ceux que pourrait commettre l'habitant d'une commune propriétaire dans les bois appartenant à cette commune, quelque multipliés qu'ils soient, quelque dangereux qu'ils deviennent aux lieux où le pacage des bêtes à laine est toléré, la

peine encourue n'est jamais que l'emprisonnement, même sous forme de condamnation pécuniaire. Le même châtiment revient odieux tant on le prodigue, immoral tant il est vain. Une prévoyance plus juste, dans ce cas, conseille une gradation mieux calculée. A la première contravention commise dans l'année, que le délinquant soit passible de l'amende, et surtout que cette amende soit assez faible pour être payée; la récidive mérite une interdiction temporaire de la jouissance à la propriété commune; et cette interdiction doit s'étendre à mesure que le délit se multiplie.

Me demandera-t-on les moyens de forcer à la retraite les troupeaux du délinquant, ramenés par lui au pâturage qu'une condamnation lui aura provisoirement interdits? C'est précisément à un fait de ce genre que j'attacherais la peine de l'emprisonnement. J'ajouterai, d'ailleurs, qu'il n'y aurait pas de difficulté à faire saisir et mettre en fourrière les troupeaux surpris au pâturage prohibé, et que le propriétaire ne serait nullement victime d'une spoliation si on vendait son bétail au plus prochain marché, pour lui en remettre le prix. Rarement aura-t-on besoin de recourir à ces moyens extrêmes, s'il est assuré qu'on les emploiera au besoin, sans ménagement.

Les propriétés grevées d'usage pourraient obtenir, par les dispositions de l'art 618 du Code civil, un préservatif souverain contre les abus de la servitude qu'elles souffrent; mais, dans la réalité, ce moyen est trop éloigné et trop violent pour constituer une pratique habituelle de conservation. Je ne parle pas ainsi pour rien retrancher à à la force du principe; je l'invoque tout entier et tel qu'il résulte des termes de la loi civile, pour le faire passer dans le Code forestier. *L'usufruit doit cesser par l'abus que l'usufruitier fait de sa jouissance.* Mais avant d'arriver à une interdiction absolue, ou mieux encore pour l'éloigner, la privation temporaire du droit d'usage, prononcée suivant la nature et la gravité des délits, sera d'un effet immense sur les usagers, et d'un égal avantage pour la sécurité de la propriété forestière. Les populations, qui trouvent leur unique ressource dans le droit de pâturage, seront contenues dans leurs propriétés, comme dans celle des autres, par la crainte salutaire d'une privation qui les punira sûrement, sans exagération, et avec convenance; rien ne manquera donc au système de la pénalité, si nous assurons des moyens résolus à la poursuite des délits.

Tel est, aujourd'hui, l'insuffisance ou le mauvais choix des peines, que chacun refuse de s'engager dans les voies de la répression. Les propriétaires, lésés par les délits, ne veulent pas ajouter au perdu, les frais de poursuite retombant toujours à leur charge. S'adressent-ils aux Procureurs du Roi, au nom de l'intérêt général blessé dans leur propre intérêt? ces Magistrats ont reçu des ordres confidentiels; il faut éviter des poursuites où le trésor n'a rien à prendre, et des condamnations qui tournent en une dépense de pain à fournir aux délinquants emprisonnés. Cela ne se dit pas, mais cela est; les ordres ne sont pas formels, mais des conseils prudents, la crainte des nullités, la possibilité d'un acquittement, rendent préférable l'inaction; et les délits sont abandonnés à leur cours naturel, la propriété privée livrée à leurs ravages, pendant que l'autorité administrative s'enquiert avec une juste anxiété des moyens à prendre pour prévenir le déboisement.

Qu'une punition plus efficace doive donner plus d'énergie aux poursuites, nous le croyons, nous l'espérons ainsi; mais cet espoir est subordonné à la condition que la loi rendra désormais obligatoire l'action du ministère public, non pour des contraventions légères, mais pour les délits caractérisés, et notamment pour ceux qui entraîneraient la privation des droits d'usage. Ma confiance dans la vertu de la loi ne va pas jusqu'à dispenser ses agens les plus essentiels du soin le plus essentiel de la conservation.

Les agents de l'administration forestière, les simples gardes particuliers ont aussi une action importante sur l'œuvre de la législation. Et d'abord, pour ce qui regarde le service des agents forestiers, n'avons-nous pas vu dans le passé la force de prohibitions les plus formelles paralysée par leur inertie? Les lois ne peuvent rien sans la fidélité de leurs mandataires : celles surtout qui, ne saisissant pas les esprits par l'actualité de leur bienfait, ne viennent satisfaire l'intérêt privé, qu'après avoir traversé les intérêts compliqués de l'ordre public, exigent la probité, l'énergie et le dévouement de tous ceux qui doivent tenir la main à leur exécution.

Les enseignements ne manquaient pas aux auteurs du Code, soit pour apprécier l'importance du service administratif, soit pour l'organiser avec habileté. Ils ont consacré à cette matière délicate le titre 2 du Code forestier, et toute une ordonnance d'exécution. Ils empruntèrent aux lois anciennes ce qu'elles avaient de sages institutions, et crurent les féconder par les garanties de moralité et de capacité exigées des officiers supérieurs de l'administration. Quant aux agens inférieurs, il parut, sans doute, que leur conduite, mieux surveillée, serait désormais à l'abri de tout reproche; on ne chercha aucun moyen nouveau de les réduire au devoir.

Ainsi, ces agens inférieurs, les premiers exposés aux attaques de tout genre; exposés aux attaques de la malveillance, aux attaques de la séduction, aux attaques de la cupidité convoitant sans cesse, de la misère sollicitant toujours, sont laissés sous la sauvegarde d'un traitement de 450 fr.; unique garantie, à laquelle n'ajoute rien la surveillance des chefs, qui n'ont d'autorité sur leurs subordonnés que par la menace d'une destitution. Les lois anciennes employaient, pour stimuler leur zèle, tantôt des mesures d'une sévérité défiante, tantôt des sollicitations voisines de la subornation. Elles allaient jusqu'à donner aux agents forestiers une part dans les prises et confiscations qu'ils opéraient. C'était un mal, sans aucun doute; exciter la cupidité, c'est ouvrir la porte à la corruption; et dès lors que la conscience de l'homme est mise à l'enchère, rarement l'adjudication tourne au profit du bon droit. Cherchons plutôt nos sûretés dans la moralité des agents de l'administration. Un traitement proportionné aux services qu'on exige d'eux, doit assurer leur indépendance, affermir par là leur probité, et donner un fondement réel à la crainte d'une destitution méritée : en outre, leur position, améliorée par une rétribution convenable, offrirait une perspective digne d'envie à des sujets éprouvés dans l'armée; de sorte que le Gouvernement acquerrait la faculté qu'il ambitionne, de choisir, aux emplois de la conservation, des gardiens élevés à l'école du dévouement et de l'honneur.

Après cela, investissons l'exercice de leur ministère de toute la force, de toute la sécurité désirable : combien il en faut surtout pour aider à leur pénible tâche les gardes forestiers communaux! Nommés par le Maire et le Conseil municipal, l'investiture qu'ils obtiennent de l'administration générale ne les laisse pas moins sous l'influence aveuglément intéressée de ceux qui les choisirent et dont ils sont obligés de se reconnaître les agents salariés. Cette position démontre des inconvénients aggravés encore par l'isolement effrayant dans lequel ils vivent au milieu d'une population hostile à leur devoir. Ils semblent être redevables de leur mandat à des dispositions d'indulgence; l'attitude des populations suffirait à les leur rappeler, et leur isolement en fait sentir à chaque instant la nécessité. Serait-il possible de ravir aux communes le droit de nommer ces agents? Non, car ils sont rétribués avec les deniers communaux. Doit-on proposer de mettre leur traitement à la charge de l'Etat? Non, ce serait imposer au trésor un sacrifice sans objet qui n'augmenterait en rien la sécurité des agents préposés isolément à la garde périlleuse des forêts communales. Leur sécurité doit venir de plus de force, et la force de l'aggrégation. Si au lieu de former chacun un corps séparé, ils devenaient membres d'un corps organisé, tous gagneront en pouvoir, indépendance et sécurité. L'embrigadement par cantons ou sections de cantons qu'on a proposé, avec raison, pour les gardes champêtres, serait à mon avis d'un excellent effet sur le service des gardes forestiers communaux. On leur éviterait un contact direct, une responsabilité exclusive vis-à-vis de leur commune, et leur pouvoir s'affermirait de toute l'étendue donnée à leur juridiction.

Une disposition légale, également facile, prêterait assistance au service des gardes particuliers. Leurs procès-verbaux, comme on sait, ne font foi que jusqu'à preuve contraire, et cette preuve devient malheureusement plus facile à mesure que les délits se multiplient, à tel point que la justice ne trouve souvent que des complices dans les témoins produits pour infirmer la validité d'un procès-verbal, et qu'elle ne peut s'empêcher de relaxer le coupable. Nous ne demanderions pas pour les préposés d'un particulier le privilége réservé aux délégués de l'autorité souveraine; mais ce ne serait pas méconnaître les convenances que d'attacher à l'affirmation de deux gardes particuliers la foi due à la parole d'un seul agent de l'administration. Il semble même que la différence ainsi établie ressort à l'avantage des mandataires du pouvoir. Rien ne s'oppose donc à ce qu'on insère dans la loi un article dont nous recommandons l'utilité, et qui consiste à donner aux procès-verbaux des gardes particuliers le caractère d'authenticité, n'admettant contradiction que par l'inscription de faux, dans le cas où ces procès-verbaux seraient dressés, signés et affirmés par deux gardes, ou par un garde assisté de deux témoins.

C'est ainsi, c'est à des soins de ce genre que je confie l'avenir et la conservation des forêts; c'est à de telles proportions que je réduis, sans le fixer, l'entier travail d'une réforme. Je n'ai pas à discuter avec le charlatanisme certains plans de reboisement jetés au hasard dans les journaux, ou comme aliment à l'opposition, ou comme appât à la stérile activité des esprits. Loin de rechercher la hardiesse d'une idée nouvelle, j'ai choisi celles que me recommandaient les épreuves de l'expérience. J'ai trouvé la Société d'Agriculture de Toulouse disposée dans le sens où j'avais dirigé mes études et mon œuvre. Ce bonheur m'a valu le bonheur profitable de sa collaboration; elle m'a prêté de sages observations, des amendements utiles, des conseils précieux, a rendu ainsi dignes de son aveu mes projets qui sont devenus les siens, et pour comble de faveur, elle m'a permis de les présenter au Gouvernement comme interprète et comme organe de ses vœux.

J'ai proposé, dans un précédent mémoire, un moyen de reboisement pour la plaine; une indemnité distribuée avec choix et discernement par l'administration locale m'a paru suffire à cet objet réparateur.

Les lois de conservation importent partout et toujours. Ce sont elles qui doivent assurer la prospérité et le reboisement de nos montagnes.

Le droit de martelage réservé par l'Etat n'a pas d'influence sur l'état sylvicole du pays.

Comme moyen de conservation, la prohibition des défrichements ne présente pas d'heureux résultats; comme principe, elle répugne à la loi. L'expérience l'accuse d'insuffisance, la voix du législateur reconnaît son injustice : deux vices qui se dégradent par leur contact. Une interdiction réelle résulterait de la diminution de l'impôt, de toute amélioration des voies de transport, de toute amélioration au régime conservateur des forêts.

La liberté donnée à la propriété de transformer ses produits, légitimes les prescriptions impératives par lesquelles la loi s'efforcerait de les améliorer, et c'est une condition essentielle de conservation que le parcours des troupeaux n'ait jamais lieu, même chez le propriétaire, dans les bois non défensables.

La défensabilité doit s'établir par une fixation légale, à laquelle doit rester soumise toute déclaration des agents de l'administration.

Le cantonnement doit pouvoir s'étendre à tous les droits d'usage, même à ceux que la tolérance fournit au pacage des bêtes à laine. Dans ce dernier cas, un aménagement bien réglé servirait au régime intérieur des communes.

Un système de pénalité sagement conçu dans toutes ses parties et modérément gradué, nous a paru devoir succéder au système uniformément stérile de la loi actuelle.

L'action du ministère public expressément stimulée prêtera sa vigueur aux dispositions pénales introduites dans la loi.

Les gardes forestiers acquerraient par un traitement plus élevé l'indépendance nécessaire à leur emploi. Ceux de ces agents préposés à la conservation des forêts communales ont besoin, en outre, d'une sécurité qu'ils trouveraient dans leur embrigadement par canton ou section de canton.

Enfin, l'authenticité des procès-verbaux des gardes particuliers devrait résulter du concours de deux gardes à leur rédaction, ou de l'adjonction de deux témoins.

Nous aurions pu nous résumer plus succinctement par une phrase ramenée bien souvent dans les pages qui précèdent. Toute source de dévastation est dans l'exercice du pacage; la meilleure loi de conservation et de reboisement, est celle qui préviendra les délits. A défaut de tout autre mérite, si cette discussion peut fixer sur ce point l'attention de l'administration supérieure, nous aurons bien servi la cause que d'autres sauront mieux plaider.

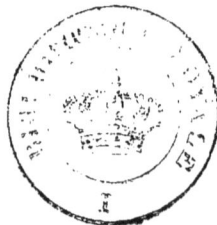

TOULOUSE, IMPRIMERIE DE J.-M. DOULADOURE.